BEI GRIN MACHT SICH IHR WISSEN BEZAHLT

- Wir veröffentlichen Ihre Hausarbeit, Bachelor- und Masterarbeit

- Ihr eigenes eBook und Buch - weltweit in allen wichtigen Shops

- Verdienen Sie an jedem Verkauf

Jetzt bei www.GRIN.com hochladen und kostenlos publizieren

Nils Hermans

Wolkengattungen

GRIN Verlag

Bibliografische Information der Deutschen Nationalbibliothek:

Die Deutsche Bibliothek verzeichnet diese Publikation in der Deutschen National-
bibliografie; detaillierte bibliografische Daten sind im Internet über http://dnb.d-
nb.de/ abrufbar.

Impressum:

Copyright © 2004 GRIN Verlag GmbH
Druck und Bindung: Books on Demand GmbH, Norderstedt Germany
ISBN: 978-3-640-31917-6

Dieses Buch bei GRIN:

http://www.grin.com/de/e-book/43247/wolkengattungen

RWTH – Aachen

Geographisches Institut

Seminar: Physische Geographie

SS 2004

Thema der Arbeit:

Wolkengattungen

von Nils-Holger Hermans

Inhaltsverzeichnis

Abbildungsverzeichnis

Tabellenverzeichnis

1.   Einleitung

Wolken am Himmel sind immer wieder aufs Neue interessant zu beobachten.
Es gibt sie in vielen verschieden Formen mit unterschiedlicher horizontaler
und vertikaler Ausdehnung. Auf der einen Seite entstehen sie noch während
sie auf der anderen Seite bereits wieder zerfallen oder es handelt sich einfach
um eine graue einförmige Masse die den ganzen Himmel bedeckt. Doch,
„Wolken vermitteln nicht nur eine vielseitige Ästhetik sondern sind auch
Ausdruck und Folgeerscheinung einer Vielzahl atmosphärischer Prozesse."
(Häckel 1999:99)
Aber was sind eigentlich Wolken und welche gibt es? Die Frage was Wolken
eigentlich sind und wie diese entstehen wird in dieser Hausarbeit nur kurz
behandelt, da das eigentliche Thema die Wolkengattungen sind. Diese
werden mit ihrem charakteristischen Erscheinungsbild in dieser Arbeit
behandelt. Spezielle Wolkenphänomene wie z.B. die Perlmutwolken werden
jedoch ausgeklammert.
Besonders Hilfreich beim erstellen dieser Arbeit war vor allem der
„internationale Wolkenatlas", das Buch „Meteorologie" von Hans Häckel
und das Buch „Der Segelflugzeugführer" von Fred Weinholtz

2.   Was sind Wolken und wie entstehen diese?

Wolken sind grundsätzlich erstmal nichts anderes als eine schleier-, schicht-
oder haufenförmige Ansammlung von Wassertröpfchen, Eiskristallen oder
beidem (Leser 2001:1008). Der Durchmesser dieser Tröpfchen kann variieren
und bewegt sich zwischen 2µm bis 10µm. In einigen Wolken können auch
größere Tropfen vorkommen, ein Regentropfen z.B. ist bis zu 2mm groß,
Hagelkörner können noch größer sein (Häckel 1999:98).

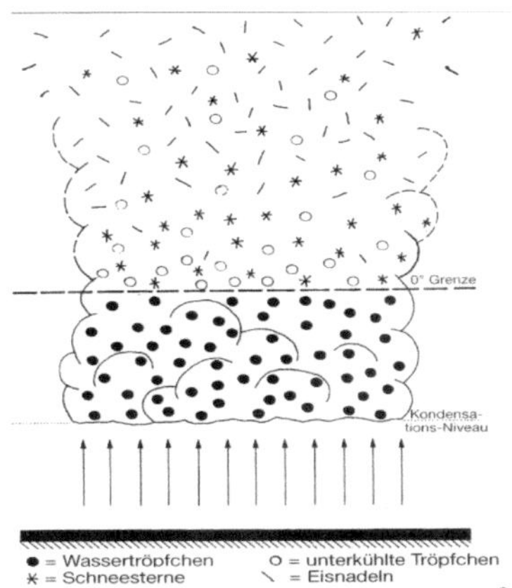

Abb. 1 Wolken zu beiden Seiten der 0°C-Grenze (Weinholtz 1996:125)

Damit es aber zu einer Tröpfchenbildung kommt, was durch Kondensation
geschieht, müssen bestimmte Voraussetzungen erfüllt sein.

1.   Es müssen ausreichend Kondensationskerne in der Luft vorhanden sein.
     Kondensationskernen können z.B. Ruß, Staub oder auch Salzkristalle sein
     an die sich dann die Tröpfchen anlagern können (Leser 2001:405). Für
     den Prozess der Tröpfchenbildung spielen diese Kondensationskerne ein
     nicht zu unterschätzende Rolle. Wären nämlich keine
     „Verunreinigungen" in der Luft vorhanden, so bräuchte es eine relative
     Luftfeuchte von bis zu 800% damit sich Tropfen bilden können (Häckel
     1999:75).

2. Die Luft muss neben den Kondensationskernen auch mit Feuchtigkeit,
also atmosphärischem Wasserdampf gesättigt sein (relative
Luftfeuchte=100%)
Diese Sättigung kann auf 2 Arten geschehen (siehe auch Abb.2)

a. Die Luft kann durch Abkühlen gesättigt werden. Dies kann man im
Sommer z.B. sehr gut an einem kalten Bierglas beobachten. Das kalte
Glas kühlt die warme Sommerluft in direkter Umgebung ab und da
kalte Luft weniger Feuchtigkeit aufnehmen kann als Warme, wird bei
einer bestimmten Temperatur ein Sättigungsgrad von 100% erreicht
und der überschüssige Wasserdampf schlägt sich an dem Glas nieder
(Walch 2002:22).

b. Die Luft kann auch durch Hinzuführen von Wasserdampf gesättigt
werden. Dies lässt sich nach einer heißen Dusche am
Badezimmerspiegel erkennen der nun beschlagen ist. Der durch das
heiße Wasser freigewordene Wasserdampf ist bis zur Sättigung der
Luft aufgenommen worden und der überschüssige Wasserdampf
lagert sich als Kondensat an Fließen Spiegel etc. ab.

Die meisten Wolken in der Atmosphäre entstehen allerdings durch
aufsteigende Luft, die in der Höhe abkühlt und zu Wolken kondensiert. Da,
wie hier nun hoffentlich klar wurde Wolkenentstehung ein sehr dynamischer
Prozess von Verdunsten und Kondensieren, in einigen Fällen auch
sublimieren und resublimieren, ist, spricht Häckel von Wolken nicht als
Gegenstand, sondern als Zustand (Häckel 1999:99).

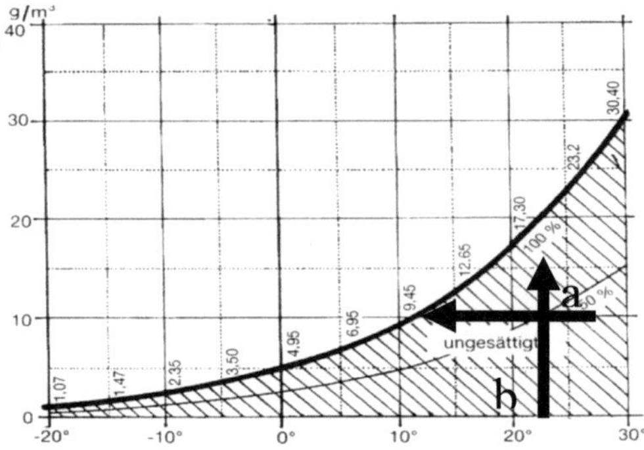

Abb. 2 Sättigungskruve (Weinholtz 1996:90)

3.   Einteilung der Wolken

Der internationale Wolkenatlas unterscheidet bei der Einteilung der Wolken nach

- Zehn Gattungen
- Vierzehn Arten und neun Unterarten
- Neun Besonderheiten
- Sieben Mutterwolken

Die Zehn Gattungen sind die eigentlichen Wolken, wobei eine Wolke nur einer Gattung angehören kann. Arten und Unterarten unterteilen die Gattungen und beschreiben bestimmte Merkmale. Die Besonderheiten dienen dazu Wolken unterscheiden zu können wenn hierfür Arten und Unterarten nicht ausreichen (Weinholtz 1996:127f).

Um die Wolken bessere unterscheiden zu können wurden sie in 3 Stockwerke eingeteilt die sich wie folgt gliedern und je nach Region auf dem Erdball in der vertikalen Ausdehnung unterscheiden:

Stockwerk	Polarzone	Mittlere Breiten	Tropen
Oberes	3 – 8 km	5 – 13 km	6 – 18 km
Mittleres	2 – 4 km	2 – 7 km	2 – 8 km
Unteres	Boden – 2 km	Boden – 2 km	Boden – 2 km

Tab. 1 Einteilung der Wolkenstockwerke (Wolkenatlas 1990:8)

Die Einteilung der Wolken nach ihrer Höhenlage ergibt vier Wolkenfamilien wobei sich Höhenlage der einzelnen Wolken auf die Höhe der Wolkenunterseite bezieht. Die Höhendifferenz zwischen Wolkenunter- und – Oberseite wird als Mächtigkeit bezeichnet.

Drei der vier Wolkenfamilien sind jeweils einer der drei Höhenlagen zugeordnet, die vierte Familie umfasst die Wolken mit einer vertikalen Erstreckung durch alle drei Stockwerke, also Wolken mit besonders großer Mächtigkeit.

Im obersten Stockwerk bestehen die Wolken nur aus Eiskristallen und gehören zu den hohen Wolken. Die Wolkengattungen dieses Stockwerkes tragen den „Vornamen" Cirrus (Ci). Sind sie haufenförmig angeordnet, gehören sie zur Gattung Cirrocumulus (Cc), eine gleichförmige Schichtbewölkung gehört zur Gattung Cirrostratus (Cs) (Häckel 1999:100ff). Die Obergrenze, in der Cirren vorkommen, ist zugleich die Obergrenze der Troposphäre an der die Wettervorgänge enden.

Im mittleren Wolkenstockwerk befindet sich die Familie der mittelhohen Wolken, die sowohl Eiskristalle als auch Wassertröpfchen enthalten können. Die Gattungen der Mischwolken dieses Stockwerkes tragen den Vornamen „Alto". Haufenförmige Wolken dieses Stockwerkes heißen Altocumulus (Ac), schichtförmige Altostratus (As) (Häckel 1999:103f).

Die dritte Wolkenfamilie wird von den tiefen Wolken gebildet. Ihre Unterseite liegt tiefer als die 0 °C-Grenze. Die Wolken bestehen ausschließlich aus Wassertröpfchen. Als Wolkengattungen unterscheidet man in der Familie dieses Stockwerks die Cumulus (Cu), Stratus (St) und die Mischform Stratocumulus (Sc) (Häckel 1999:104).

Die vierte Wolkenfamilie wird von den Wolken mit großer vertikaler Erstreckung gebildet. Man unterscheidet zwei Gattungen: Cumulonimbus (Cb) und Nimbostratus (Ns). Diese beiden Wolkengattungen können sich vertikal durch die gesamte Troposphäre erstrecken (Walch 2002:33f).

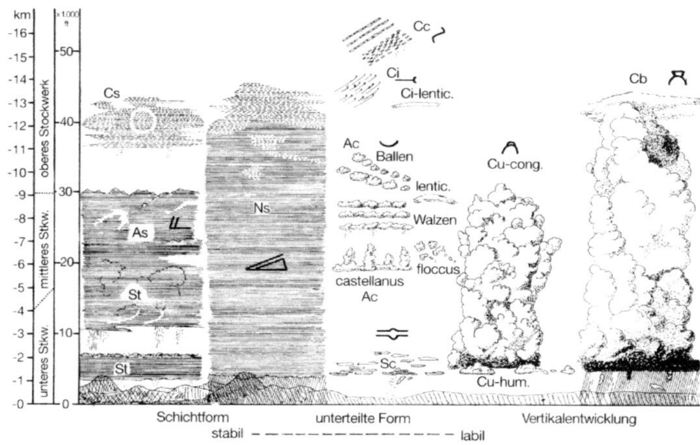

Abb. 3 Zusammenstellung der Wolkengattungen (Weinholtz 1996:129)

3.1   Die Wolken im oberen Stockwerk

3.1.1   Cirrus

Cirruswolken sind reine Eiswolken, sie bestehen ausschließlich aus Eis- und Schneekristallen. Cirren treten als kleine Flecken, Büschel oder in Form schmaler faden- oder faserförmiger Bänder auf, die geradlinig, unregelmäßig gebogen oder scheinbar regellos miteinander verflochten sind. Sie sehen manchmal wie ein Komma aus und enden in Hakenform. Steht die Sonne in Horizontnähe, wirkt Cirrus weißlich, während tiefere Wolken einen gelben oder orangenen Farbton annehmen. Sinkt die Sonne unter den Horizont, färbt sich der hoch am Himmel stehende Cirrus gelb, rot und zuletzt grau. Häufig kommt es zu Haloerscheinungen. Vielfach kündet Cirrus vom Herannahen einer Warmfront, doch dies ist kein eindeutiges Kriterium (Weinholtz 1996:128).

3.1.2   Cirrocumulus

Cirrocumulus besteht fast ausschließlich aus Eiskristallen. Er zeigt sich in dünnen, weißen Flecken, Feldern oder Schichten von Wolken ohne

Eigenschatten, mehr oder weniger regelmäßig angeordnet. Diese sind sehr klein, körnig oder gerippelt und isoliert, die Wolkenteile können aber auch miteinander verwachsen (Walch 2002:30f). Cirrocumulus tritt vielfach in mehr oder weniger ausgedehnten Feldern mit ausgefransten Rändern auf, aber auch in lang gestreckt parallelen Bändern mit scharf ausgeprägten Umrissen. Die Einzelteile der Wolken bestehen manchmal aus sehr kleinen, unten zerfetzten Büscheln. Cirrocumulus ist durchscheinend und lässt stets die Stellung von Sonne und Mond erkennen. Es kommt zur Corona-Bildung und zum Irisieren (Weinholtz 1996:128). Die Bezeichnung Cirrocumulus weist darauf hin, daß in der Bildungshöhe relativ starke vertikale Luftbewegungen auftreten.

3.1.3 Cirrostratus

Der Cirrostratus besteht ebenfalls hauptsächlich aus Eiskristallen. Er ist durchscheinend und erscheint als weißlicher Wolkenschleier mit faserigem, haarähnlichem oder glattem Aussehen. Der Himmel ist ganz oder teilweise bedeckt und im Allgemeinen sind Haloerscheinungen zu beobachten. Cirrostratus bildet sich, wenn ausgedehnte Luftschichten langsam gehoben werden. Als Aufzugsbewölkung kündet er vom Herannahen einer Warmfront, er nimmt rasch zu und kann in kurzer Zeit den ganzen Himmel überziehen. Die Sonne verschwindet nie vollständig hinter der Bewölkung. Der Wolkenschleier kann gelegentlich so dünn sein, daß nur durch auftretende Haloerscheinungen auf sein Vorhandensein geschlossen werden kann (Weinholtz 1996:128). Halos entstehen durch Lichtbrechung an den Eiskristallen der Wolken. Es erscheint ein weißer, gelegentlich auch farbiger Ring um Sonne oder Mond (Leser 2001:302).

3.2 *Die Wolken im mittleren Stockwerk*

3.2.1 Altocumulus

Der Altocumulus besteht überwiegend bzw. fast immer aus Wassertröpfchen, nur bei sehr niedrigen Temperaturen kommen auch Eiskristalle vor. Er erscheint als weiße und/oder graue Flecken, Felder oder Schichten, die im

Allgemeinen einen Eigenschatten haben. Diese bestehen aus schuppenartigen Teilen, Ballen oder Walzen und sehen manchmal zum Teil faserig aus. Die meist ausgedehnten Felder der einzelnen Wolkenteile haben die Form lang gestreckter paralleler Bänder und Walzen, die durch scharf begrenzte, wolkenlose Bahnen voneinander getrennt sind (Häckel 1999:103). Der Altocumulus zeigt sich oft auch in Form sehr lang gestreckter Bänke mit deutlich ausgeprägten Umrissen. Bei Altocumulus ist die Stellung der Sonne zu sehen, er kann diese aber genauso völlig verdecken. Koronabildung oder Irisieren sind häufig (Weinholtz 1996:129). Altocumulus entsteht meist am Rande einer ausgedehnten Luftschicht bei Hebung im mittleren Wolkenstockwerk, das Auftreten von Quellformen deutet darauf hin, daß der horizontalen Luftströmung vertikale Bewegungskomponenten zur Seite stehen (Walch 2002:30).

3.2.2 Altostratus

Altostratus besteht aus Eiskristallen und Wassertröpfchen, auch Regentropfen und Schneeflocken sind vorhanden. Beim Altostratus handelt es sich um graue oder bläuliche Wolkenfelder oder -schichten von streifigem, faserigem oder einförmigem Aussehen, die den Himmel ganz oder teilweise bedecken. Sie sind stellenweise gerade so dünn, daß die Sonne wenigstens schwach wie durch Mattglas hindurchscheinen kann. Die dickeren Teile verdecken die Sonne völlig. Es treten keine Haloerscheinungen auf. Altostratus hat zumeist eine große horizontale Ausdehnung (mehrere 100 km) und eine ziemlich beträchtliche vertikale Erstreckung (mehrere 1000 m). Oft tritt er in zwei oder mehreren übereinander liegenden Schichten auf, die auch miteinander verwachsen sein können. Niederschlag kann in Form von Fallstreifen (virga) fallen, die von der Wolkenuntergrenze herabhängen (Weinholtz 1996:129). Altostratus bildet sich bei langsamer Hebung ausgedehnter Luftschichten in genügend große Höhen.

3.3 Die Wolken im unteren Stockwerk

3.3.1 Stratocumulus

Stratocumulus besteht aus Wassertröpfchen, manchmal sind gleichzeitig
Regentropfen oder Reifgraupeln, seltener auch Schneekristalle und
Schneeflocken vorhanden. Diese Wolkenart tritt in grauen und/oder
weißlichen Flecken, Feldern oder Schichten auf und hat fast stets dunkle
Stellen. Sie besteht aus mosaikartigen Schollen oder Ballen und Walzen
(Weinholtz 1996:129). Die Wolkenteile sind nicht faserig und können
zusammengewachsen sein. Beim Stratocumulus variieren Größe, Mächtigkeit
und Gestalt sehr stark. Bisweilen kommen einzelne Wolkenteile in parallelen
Walzen vor, die durch wolkenfreie Streifen voneinander getrennt sind.

3.3.2 Stratus

Stratus oder auch Hochnebel ist eine tiefe Schichtwolke und besteht aus
kleinen Wassertröpfchen, bei niedrigen Temperaturen auch aus kleinen
Eisteilchen; ist der Stratus dicht oder dick, enthält er oft Sprüh-
regentröpfchen, manchmal Eisprismen oder Schneegriesel (Wolkenatlas
1990:10). Beim Stratus sehen wir eine nebelartige, durchgehend graue und
ziemlich einförmige Schicht (Häckel 1999:104). Die Untergrenze liegt häufig
so tief, daß die oberen Teile niedriger Hügel oder hoher Bauwerke bereits
von den Wolken eingehüllt werden (Weinholtz 1996:130). Ist der Stratus
dünn, so bleiben die Umrisse von Sonne oder Mond klar erkennbar, meist
aber verdeckt er die Gestirne, erscheint dunkel oder sogar drohend.
Niederschlag fällt als Sprühregen, Schnee oder Schneegriesel (Walch
2002:29). Stratus kann im Zusammenhang von Aufgleiterscheinungen
entstehen, z.B. im Wirkungsbereich einer Warmfron

3.3.3 Cumulus

Cumuls Wolken bestehen hauptsächlich aus Wassertröpfchen, Eiskristalle
kommen nur in den Teilen der Wolken vor, in denen die Temperatur unter 0
Grad liegt. Diese Wolken treten isolierte, durchweg dicht und scharf

abgegrenzt auf. Sie entwickeln sich in der Vertikalen in Form von Hügeln, Kuppeln und Türmen und die von der Sonne beschienenen Teile erscheinen meist leuchtend weiß. Ihre Untergrenze ist verhältnismäßig dunkel und verläuft fast horizontal am Kondensationsniveau entlang (Wolkenatlas 1990:10). Meist kann man mehrere Entwicklungsstadien gleichzeitig beobachten. Wolken von einer geringen vertikalen Ausdehnung sind meist abgeflacht, die mit einer mäßigen vertikalen Erstreckung weisen kleine Aufquellungen und emporschießende Teile auf während die quellförmigen Oberteile großer und mächtiger Cumuli wie ein Blumenkohl aussehen. Die Ränder eines Cumulus erscheinen manchmal stark zerfetzt, und die Umrisse verändern sich ständig und rasch (Weinholtz 1996:130). Cumuluswolken organisieren sich manchmal in Reihen (Wolkenstraßen), die fast parallel zur Windrichtung liegen. Im Allgemeinen bringt ein Cumulus keinen Niederschlag, nur wenn er bis ins mittelhohe Niveau hinaufreicht und sich schon im Übergang zu einem Cumulonimbus befindet

3.4 *Wolken großer vertikaler Ausdehnung*

3.4.1 Nimbostratus

Nimbostratus besteht aus manchmal unterkühlten Wassertröpfchen und Regentropfen, aus Schneekristallen und Schneeflocken oder aus einer Mischung der flüssigen und festen Teilchen. Nimbostratus präsentiert sich als eine ausgedehnte, tiefliegende, graue und häufig dunkle Wolkenschicht mit vielfach diffuser Unterseite. Ihre vertikale Mächtigkeit ist so groß, daß die Sonne nie sichtbar wird, sie reicht vom tiefen Wolkenniveau bis hinauf in das mittlere (Wolkenatlas 1990:10). Es fällt anhaltender Niederschlag in Form von Regen, Schnee, Eiskörnern oder Frostgraupeln, der den Erdboden nicht unbedingt erreichen braucht. An oder unter der Nimbostratus-Decke bilden sich häufig tiefer liegende zerfetzte Wolken, die ihre Gestalt rasch ändern und den Nimbostratus ganz oder teilweise verdecken. Sie entstehen als Folge des Niederschlags und verdanken ihre Entstehung der Verdunstung und Widerkondensation des gefallenen Niederschlags. Nimbostratus entsteht bei

Hebung ausgedehnter Luftschichten in genügend großen Höhen (Weinholtz 1996:129).

3.4.2 Cumulonimbus

Ein Cumulonimbus besteht aus Wassertröpfchen und aus Eiskristallen, die besonders im oberen Teil vorkommen. Daneben enthält er große Regentropfen und häufig Schneeflocken, Reifgraupeln, Eiskörner und Hagelkörner. Die Wasser- und Regentropfen sind oft erheblich unterkühlt (Weinholtz 1996:130). Der Cumulonimbus erscheint als massige, dichte Wolke von großer horizontaler und vertikaler Ausdehnung und erinnert mit seiner Form an einen hohen Berg oder einen mächtigen Turm. Die Ausmaße sind so groß, daß seine charakteristische Form sich dem Beobachter erst aus beträchtlicher Entfernung erschließt. Er reicht durch alle Wolkenstockwerke hindurch. Unter der sehr dunklen Wolkenuntergrenze befinden sich oft niedrige, zerfetzte Wolken, die mit der Hauptwolke zusammengewachsen sein können (Wolkenatlas 1990:10). Am Gipfel eines Cumulonimbus zeigen sich anfangs rundliche Quellungen, obwohl gerade seine oberen Teile die scharfen Umrisse bereits verlieren. Später kommt es zur völligen Umbildung des oberen Wolkenabschnittes in eine faserige, streifige Wolkenmasse, die oft wie ein Amboss aussieht. Bei sehr niedrigen Temperaturen kann die faserige Struktur vielfach den gesamten Wolkenkörper erfassen. Cumulonimben treten einzeln auf oder erscheinen aneinandergereiht wie eine riesige Mauer (Weinholtz 1996:130). Der Eindruck, den ein Cumulonimbus vermittelt, ist meist ein unheilvoller. Dazu tragen Donner, Blitz, kräftige Regen-, Schnee- und Hagelschauer sowie Sturm- und Orkanböen bei. Der Cumulonimbus geht aus gut und kräftig entwickelten Cumuli hervor. Deshalb sind die Bedingungen, die zu großen Cumuli führen, auch für die Bildung von Cumulonimben günstig.

Literaturverzeichnis

- Deutscher Wetterdienst: Internationaler Wolkenatlas, Vorschriften und Betriebsunterlagen Nr.12, Teil 1. 2.Aufl. Offenbach am Main 1990
- Häckel, H.: Meteorologie. 4.Aufl, Stuttgart 1999
- Leser, H. et al.: Diercke-Wörterbuch der allgemeinen Geographie. 12.Aufl., München 2001
- Walch, D. und Neukamp, E.: Wolken Wetter. 5. Aufl., München 2002
- Weinholtz, F.W. et al.: Der Segelflugzeugführer. 7.Aufl.,Bergisch Gladbach 1996